Bibliografische Information der Deutschen Nationalbibliothek:

Die Deutsche Bibliothek verzeichnet diese Publikation in der Deutschen National-
bibliografie; detaillierte bibliografische Daten sind im Internet über http://dnb.d-
nb.de/ abrufbar.

Impressum:

Copyright © 2018 GRIN Verlag
Druck und Bindung: Books on Demand GmbH, Norderstedt Germany
ISBN: 9783668777590

Dieses Buch bei GRIN:

https://www.grin.com/document/437079

Alexander Markus Rehm

Schallwellenanalyse des Sounds professioneller Tenor-saxophonspielerInnen. Teil 2

Methodik zur Bestimmung und Analyse von Formantenspektren und Formantenbändern aus mittels Fourieranalyse errechneten frequenzabhängigen Intensitätsspektren

GRIN Verlag

Schallwellenanalyse des Sounds professioneller TenorsaxophonspielerInnen – Teil 2

(Sonic wave analysis of the sound generated by professional tenor sax players – Part 2)

Autor: Dr. Alexander M. Rehm / Germany

Teil 2: Methodik zur Bestimmung und Analyse von Formantenspektren und Formantenbändern aus mittels Fourieranalyse errechneten frequenzabhängigen Intensitätsspektren. (Part 2: Method to determine and analyze formant-spectra and formant-bands based on frequency dependent intensity spectra which were generated by Fourier analysis)

Zusammenfassung

Mit dem Programm „Praat" errechnete frequenzabhängige Intensitätsspektren von Tonaufnahmen verschiedener Tenorsaxophonspieler weisen ein sehr hohes Signal/Fehlerrauschen-Verhältnis über den Frequenzbereich von 0-10.000Hz auf und wurden für weitere Analysen mit einer in dieser Arbeit dargestellten zuverlässigen und präzisen Prozedur vermessen und es wurden 4 unterschiedliche Ansätze bzw. Methoden angewendet, um aus den vermessenen frequenzabhängigen Intensitätsspektren Formantenspektren abzuleiten. Es wurden Kriterien definiert, nach denen die Ergebnisse aus der Anwendung der 4 Methoden (d.h. die so ermittelten Formantenspektren) bzgl. Zuverlässigkeit und Validität bewertet werden.

Obwohl sich die in dieser Arbeit evaluierten 4 Methoden zur Bestimmung von Formantenspektren in erheblicher Weise unterscheiden, ergab sich bei Anwendung der 4 Methoden auf das identische Intensitätsspektrum für 2 Parameter eine sehr hohe Übereinstimmung in allen 4 unterschiedlichen Formantenspektren: 1) Identische Anzahl an identifizierbaren, ausgeprägten Formantenbändern und 2) nahezu identische frequenzabhängige Lage der Resonanzmaxima der identifizierbaren Formantenbänder. Unter Berücksichtigung der definierten Kriterien zur Beurteilung der Zuverlässigkeit und Validität der ermittelten Formantenspektren sowie aus theoretischen Überlegungen heraus wurden allerdings für eine weitergehende qualitative und quantitative Analyse von Formantenbändern (die in Summe ein Formantenspektrum ausmachen), 2 der 4 Methoden sowohl aus praktischen wie auch aus theoretischen Erwägungen ausgeschlossen.

Die Kurvenform von Formantenbändern konnte mit den in dieser Arbeit verwendeten Messverfahren nicht bestimmt werden. Es wurde allerdings die experimentell ermittelbare Resonanzkurve eines Pohlschen Resonators (Mechanik) als Modell für die frequenzabhängige Kurvenform eines Formantenbandes betrachtet und die Bandbreite eines Formantenbandes wurde über Iterationen auf empirische Weise abgeschätzt. Mit der auf diese Weise ermittelten „typischen Resonanzkurve" eines Formantenbandes wurde versucht, Formantenspektren (Frequenzbereich: 0-10.000Hz) unterschiedlicher Tenorsaxophonspieler, die mittels der 2 präferierten Methoden bestimmt wurden, als Summe mehrerer Formantenbänder zu simulieren. Die Simulation der Formantenspektren durch eine Summe von Formantenbändern unterschiedlicher Lage und Intensität zeigte für beide Methoden und für Aufnahmen verschiedener Spieler eine hohe Präzision (>95%). Damit konnte gezeigt werden, dass sich mit beiden Methoden Formantenspektren erzeugen lassen, die für die weitergehende Analyse von qualitativen und quantitative Parametern der beteiligten Formantenbändern geeignet sind.

Somit sollte es zukünftig möglich sein, durch Einsatz der in dieser Arbeit dargestellten Methodik Veränderungen von Formanten, die der Saxophonspieler willkürlich generiert, in qualitativer und quantitativer Hinsicht zu messen bzw. zu beschreiben.

Summary (English)

Frequency dependent intensity spectra calculated from sound-records of professional tenor sax-players using the method of Fourier (software: "Praat") have been analyzed in detail with a method described in this publication, as those spectra show a very favourable overall signal/noise ratio in the region of 0-10.000Hz. It has been demonstrated that those frequency dependent intensity spectra can undergo 4 different and well defined methods to generate 4 different formant-spectra. Criteria has been defined which should allow to evaluate the validity of the 4 methods and the precision of the formant-spectra derived from these 4 different procedures.

Although the 4 methods and the related calculations differ significantly from each other the derived 4 formant-spectra (using the identical intensity spectrum as base for the calculation!), show very similar results concerning 2 parameters: 1) Identical number of recognizable formant-bands and 2) nearly identical position of the peak (= resonance-maximum) of the recognized formant-bands. By evaluating the derived formant-spectra using the defined criteria for validity and precision and taking further theoretical and practical aspects into account, only 2 out of the 4 methods are recommended to generate formant-spectra which can undergo further analysis to determine quantitative and qualitative parameters of the formant-bands which in sum build those formant-spectra.

With the set of methods used in this investigation it was not possible to determine the frequency-dependent shape of a formant-band. So the shape of a resonance-curve of a mechanical resonator (Pohlscher Resonator) has been used to model the "typical shape of a formant-band" and the related bandwidth has been estimated through empirical iterations. By using this estimated "typical shape of a formant-band", a simulation of the formant-spectra (derived by the 2 recommended methods) as a sum of formant-bands with different peak-locations and intensities was conducted for the frequency-range of 0-10.000Hz. The results of these simulations (based on records of different players) showed a precision of >95% for both preferred methods to generate formant-spectra. So it has been demonstrated that 2 methods for generating formant-spectra from frequency dependent intensity-spectra result in formant-spectra of high information density which can be used for further determinations of qualitative and quantitative parameters of the underlying formant-bands.

It should be possible to take advantage of the methods and analysis-tools described in this publication in further investigations which evaluate effects on the formant-spectra and related formant-bands when professional tenor sax players change the sound or sound characteristic of their play.

Einleitung

In einer Vielzahl von Publikationen konnte dargestellt werden, dass SprecherInnen oder SängerInnen (zukünftig als Sprecher und Sänger benannt) bei der Artikulation von Vokalen (z.B. a,e,i,o,u) unterschiedliche Frequenzbereiche in einer spezifischen Weise verstärken und damit Formantenbänder (=Resonatoren) nutzen und ausprägen, die es dem Zuhörer erlauben, bei gleicher Tonhöhe die Vokal als solche zu erkennen bzw. voneinander zu unterscheiden und somit die Sprache zu verstehen (3). Professionelle Sprecher oder Sänger üben bzw. trainieren die Ausprägung von Resonanzen in bestimmten Frequenzbereichen und damit von bestimmten Formantenbändern, um sowohl Ihrer Aussprache mehr Deutlichkeit zu verleihen aber auch um besonders als Sänger eine spezifisch angestrebte Stimmfarbe bzw. Stimmfärbung zu entwickeln.

Die Mehrzahl der entsprechenden Untersuchungen und Publikationen zur Ausprägung von entsprechenden Formantenbändern und der damit einhergehenden Artikulation von Vokalen durch Sprecher und Sänger beziehen sich im Wesentlichen auf die frequenzabhängige Lage der Formantenbänder, die bei verschiedenen Vokalen ausgeprägt werden, und beschreiben die Fähigkeit der Sprecher und Sänger, diese Formantenbänder in unterschiedlicher Intensität auszuprägen, um die gewünschten Effekte zu erreichen.

Es ist ebenso bereits beschrieben worden, dass die frequenzabhängigen Intensitätsspektren, die mittels Fourieranalyse aus Tonaufnahmen von verschiedenen Musikinstrumenten abgeleitet werden können, mehrere Formantenbänder erkennen lassen (4, 5), wobei beim Saxophonsound eine Vielzahl von Formanten über den Frequenzbereich von 0-16.000Hz darstellbar sind (6). Dabei ist das frequenzabhängige Muster der Ausprägung der Formantenbänder (darstellbar als Formantenspektrum) für jedes Musikinstrument unterschiedlich und typisch. Sowohl Rehm et al. (1) wie auch Chen et.al (7) haben unabhängig voneinander für das Saxophon gezeigt bzw. nachgewiesen, dass nicht nur das Musikinstrument bestimmend ist für die Ausprägung von Formantenbändern bzw. der Formantenspektren, sondern dass gerade der Spieler einen erheblichen Einfluss nimmt auf die Ausprägung der Formantenbänder und damit Formantenspektren unterschiedlicher Qualität erzeugen kann. Dabei wurde auch gezeigt, dass der Spieler in erheblichem Maße die „Intensität eines oder mehrerer Formantenbänder" verändern kann, wohingegen die frequenzabhängige Lage der Formantenbänder kaum oder nur unwesentlich vom Spieler beeinflusst wird (1). Aus diesen Erkenntnissen heraus kann als vereinfachtes Modell postuliert werden, dass sowohl Sänger wie auch Spieler von Musikinstrumenten jeweils ein „individuelles Set an Formantenbändern und damit ein individuelles Formantenspektrum" ausprägen und sie in der Lage sind, einzelne Formantenbänder innerhalb des „individuellen Formantenspektrums" gezielt bzgl. der Intensitätsausprägung zu verändern, um gewünschte Stimmfärbungen oder „Sounds" zu erzeugen.

Legt man dieses Modell zugrunde, so scheint es für zukünftige wissenschaftliche Untersuchungen zur generellen Thematik der Erzeugung und Kontrolle von Stimmfärbungen bzw. Sounds notwendig, dass man eine solide Methodik entwickelt, die a) die Darstellung von Formantenspektren aus den mittels Fourieranalyse ermittelten frequenzabhängigen Intensitätsspektren erlaubt, b) eine hinlänglich genaue Bestimmung der Lage und Form eines Formantenbandes (=Resonator) ermöglicht und c) ein Formantenband bzgl. Intensität (=Stärke des Resonanzsignals) beschreibt.

In dieser Publikation wird der Versuch gemacht, eine Methodik zu entwickeln, wie am Beispiel des Tenorsaxophons Formantenspektren bestimmt und die jeweilige Qualität und Quantität der darin enthaltenen Formantenbänder beschrieben und analysiert werden können. Dabei werden verschiedene Optionen zur Bestimmung von Formantenspektren aus frequenzabhängigen Intensitätsspektren dargestellt und miteinander verglichen. Dies besonders im Hinblick auf deren allgemeine Anwendbarkeit und die Möglichkeit, qualitative und quantitative Aussagen zu den Formantenbändern zu machen, die in ihrer Summe das Formantenspektrum im Frequenzbereich von 0-10.000Hz ausmachen.

Material & Methoden

Aufnahmen von professionellen Saxophonspielern, deren Verarbeitung, Analyse und Darstellung als frequenzabhängige Intensitätsspektren (ermittelt durch „Praat" auf Basis von Fourieranalyse), wurden wie von Rehm et al. bereits beschrieben durchgeführt (1).

Weiterhin wurden Aufnahmen von Tenorsaxophonspielern zur Analyse herangezogen, die von der „University of New South Wales" auf ihrer Website zum Download und zur weiteren Analyse bereitgestellt wurden (http://newt.phys.unsw.edu.au/jw/saxacoustics.html).

Ergebnisse (Abbildungen siehe „Katalog der Abbildungen")

Ein mittels Fourieranalyse bestimmtes frequenzabhängiges Intensitätsspektrum (Darstellung der Intensität (dB) des Grundtons, der Obertöne und des Rauschens) von einer Tonaufnahme eines Tenorsaxophonspielers (Abb. 1a) kann derart vermessen werden, dass die Intensitätsmaxima (dB) des Grundtons und der Obertöne und die jeweilige Intensität des vom Spieler generierten Rauschens (=Spielerrauschen =SpR) frequenzabhängig dargestellt werden (Abb. 1b).

Der charakteristische bzw. typische Aufbau eines frequenzabhängigen Intensitätsspektrums wurde bereits in der Publikation von Rehm et al. (1) erläutert. In Abb. 1a sind Obertöne erkennbar, die gegenüber benachbarten Obertönen höhere Intensitätswerte aufweisen. Diese sind in der Abbildung mit „F" gekennzeichnet und weisen auf Formantenbänder hin, die in der Nähe dieser Frequenzen Resonanzmaxima (=Frequenz der stärksten Resonanz eines Formantenbandes) ausprägen.

Um von einem mittels Fourieranalyse berechneten frequenzabhängigen Intensitätsspektrum (Abb. 1a) zu der Darstellung in Abb. 1b zu gelangen, müssen die Intensitätsspektren mittels Praat „manuell vermessen werden". Dabei werden in Praat die Frequenz eines Obertons und dessen Intensität (dB-Wert) durch Nutzung des Cursorinstrumentes bestimmt (siehe dazu Abb. 2a) und die Messwerte in ein übliches Berechnungsprogramm (z.B. Excel) übertragen. Bei hohen Intensitätswerten eines Obertons ist sowohl die Frequenz wie auch die Intensität sehr präzise mit einem Fehler von 2Hz bzw. 2-3dB bestimmbar. Das Niveau des Spielerrauschens bei der Frequenz des Obertons bzw. bei eng benachbarten Frequenzen eines Obertons kann allerdings nicht direkt gemessen werden, sondern kann nur aus dem dB-Minimum zwischen 2 Obertönen abgeschätzt werden. Dabei wird bei dem hier angewendeten Verfahren der Bestimmung des Spielerrauschens das db-Minimum vor und nach dem betreffenden Oberton gemessen, gemittelt und als dB-Wert für das Spielerrauschen (SpR) bei der Frequenz des Obertons definiert (siehe dazu Abb. 2b). Da das Signal zwischen zwei Obertönen – welches als Maß für das Spielerrauschen herangezogen werden kann – allerdings selbst eine Schwankungsbreite von bis zu 8-10dB enthält, nimmt die Präzision der Messung von Intensitäten der Obertöne bei geringen Intensitäten ab bzw. der Messfehler wird im Verhältnis zum Signal bei abnehmender Intensität des Obertonsignals größer. So sind z.B. dB-Intensitäten der Obertöne von 4-5dB oder geringer nicht mehr messbar, da diese in der Schwankung des Signals verschwinden.

Abb. 3 zeigt ein vermessenes Intensitätsspektrum des Ton-A eines Tenorsaxophonspielers der Datenbank der University of New South Wales, wobei das Spielerrauschen (SpR) und die

Intensität des Grundtons und der Obertöne nach obiger Methode ermittelt wurden. Dargestellt sind auch die jeweiligen Regressionsgeraden und -gleichungen sowie R^2 als Bestimmtheitsmaß der Regression.

Die Intensitäten der Obertöne weisen deutliche und stärker ausgeprägte frequenzabhängige Schwankungen auf als das SpR. Damit ergeben sich auch in diesem Intensitätsspektrum klare Hinweise auf mehrere Formantenbänder, die für diese Schwankungen in der Intensität der Obertöne verantwortlich sind. Gleichermaßen nimmt die Intensität der Obertöne wie auch des SpR zu höheren Frequenzen hin generell ab, was durch die negativen Steigungen der Regressionsgeraden deutlich wird. Um aus derartigen Intensitätsspektren „Formantenspektren" abzuleiten, kann es verschiedene Ansätze und damit verbundene Berechnungs- bzw. Bestimmungsmethoden geben. Folgende Ansätze bzw. Methoden wurden in dieser Untersuchung verfolgt und bewertet:

Methode 1):

Bereinigung der Intensitäten des Grundtones und der Obertöne um das jeweilige Spielerrauschen bei den entsprechenden Frequenzen; Normierung der resultierenden Intensitäten der Obertöne auf das Mittel der dB-Intensität des Grundtones und 1. Obertons mit anschließender Glättung des erhaltenen Spektrums. (siehe Abb. 4)

Methode 2):

Bereinigung der Intensitäten des Grundtones und der Obertöne um das jeweilige Spielerrauschen bei den entsprechenden Frequenzen (wie Methode 1); Ermittlung der linearen Regressionsgeraden der Intensitätswerte des erhaltenen Spektrums und parallele Verschiebung dieser Gerade zu niedrigen dB-Werten, bis die Gerade noch einen Intensitätswert (bei einer beliebigen Frequenz) des Spektrums schneidet. Bildung der Differenz der frequenzabhängigen dB-Werte der Obertöne und des korrespondieren Werts der verschobenen Regressionsgeraden bei dieser Frequenz, anschließende Glättung und Darstellung als Spektrum. (siehe Abb. 5)

Methode 3):

Bereinigung der Intensitäten des Grundtones und der Obertöne um das jeweilige Spielerrauschen bei den entsprechenden Frequenzen (wie Methode 1); Einführung einer „klassischen Dämpfungskurve" mit einer intuitiv gewählten „Dämpfungskonstante D", die eine frequenzabhängige Intensitätsdämpfung der Obertöne ausgehend von dem maximalen Intensitätswert des Grundtones beschreibt. Das Formantenspektrum ergibt sich dann als geglättete Differenz des Intensitätsspektrums ohne SpR und der erzeugten Dämpfungskurve und Normierung des Differenzwertes auf die dB-Intensität des Grundtones ohne SpR (siehe dazu Abb. 6).

Methode 4):

Statt einer angenommenen frequenzabhängigen Dämpfung der Intensität der Obertöne (wie in Methode 3) wird bei dieser Methode ein Intensitätsspektrum simuliert, bei dem a) davon ausgegangen wird, dass bei der Erzeugung des Grundtones und der Obertöne jede Welle, die den Grundton und jeden Oberton ausmacht, die gleiche Anregungsenergie erhält und b) die Energie einer akustischen Welle proportional zum Produkt aus den Quadraten von Frequenz und Amplitude ist. Mit diesen Annahmen kann die Amplitude jedes Obertons (als Maß für die Lautstärke der Schallwelle) im Verhältnis zur Amplitude des Grundtones berechnet werden und unter Berücksichtigung, dass der dB-Wert ein logarithmischer Wert ist, kann ein entsprechendes „Intensitätsspektrum gleicher Wellenenergie" für jeden Saxophonsound berechnet werden. Bildet man die geglättete Differenz aus dem gemessenen Intensitätsspektrum (inkl. SpR) und dem korrespondierenden errechneten

„Intensitätsspektrum bei gleicher Wellenenergie" (Anmerkung: dies wäre ein „Energieerhaltungsspektrum" für jeden Ton des Spektrums), so erhält man ein Formantenspektrum wie in Abb. 7 dargestellt.

Betrachtet man die nach den 4 Methoden erzeugten „Formantenspektren" so fällt auf, dass die wesentlichen Formantenbänder in allen 4 Formantenspektren deutlich erkennbar sind und auch die erkennbare Lage ihrer frequenzabhängigen Maxima (Resonanzmaxima) in allen Formantenspektren weitgehend übereinstimmen. Damit kann mit einer hinreichenden Sicherheit davon ausgegangen werden, dass man mit allen 4 Methoden zumindest die wesentlichen Formantenbänder (=Resonatoren) eines Intensitätsspektrums identifizieren und deren frequenzabhängige Lage bzw. Resonanzmaximum beschreiben kann. Für ein tieferes Verständnis der Bedeutung der Formantenbänder für den Sound ist es allerdings wichtig, auch deren „relativen Ausprägungsgrad" bzw. Intensität (quantitativer Parameter) zu kennen bzw. zu bestimmen. Um diesen quantitativen Parameter der Formantenbänder zumindest relativ bestimmen zu können, sind die Formantenspektren, die nach den 4 Methoden erzeugt werden können, unterschiedlich geeignet.

Da bei Methode 1 keinerlei „frequenzabhängige Verminderung" der Intensität von Obertönen angenommen wird, obwohl die typische Form eines Intensitätenspektrums einen solchen grundlegenden Mechanismus nahelegt, kann das nach Methode 1 erhaltene Formantenspektrum nicht wirklich als Formantenspektrum definiert werden. Vielmehr ist es ein um das Spielerrauschen korrigiertes und geglättetes Intensitätsspektrum, wodurch die Lage wesentlicher Formantenbänder erkennbar wird. Eine Aussage über die quantitative Ausprägung der erkennbaren Formanten unter Nutzung der dB-Werte der erkennbaren Formantenband-Maxima als entsprechendes „Quantitäts- bzw. Ausprägungsmaß des Formantenbandes" wäre nur unter Annahmen möglich, die den beobachteten Effekten widersprechen.

Bei Methode 2 wird hingegen eine frequenzabhängige Verminderung der Intensität der Obertöne als existenter Mechanismus angenommen, wobei diese Intensitätsminderung der Obertöne für den Frequenzbereich von 0-10.000Hz als „lineare Funktion" der Frequenz mittels Regressionsanalyse bestimmt wird. Problematisch bei dieser methodischen Vorgehensweise sind 2 Dinge: a) es wird ein <u>linearer</u> frequenzabhängiger Prozess der Intensitätsminderung der Obertöne angenommen, obwohl es für diese Annahme der Linearität keine Hinweise gibt und b) es wird für diese Art der Bestimmung postuliert, dass es keine „negativen Formantenbänder" geben kann. Für diese Methode hingegen spricht, dass die beobachtete typische Form eines Intensitätsspektrums (mit generell abnehmender Intensität der Obertöne größerer Frequenz) über ein mathematisches Modell abgebildet wird, und man sich so dem „relativen Ausprägungsgrad eines Formantenbandes" nähert. Hier bietet Methode 2 deutliche Vorteile gegenüber Methode 1, wobei es keine echte Begründung für die Annahme eines entsprechenden linearen Prozesses gibt, der bei der Bestimmung eines Formantenspektrums nach Methode 2 zugrunde gelegt wird.

Bei Methode 3 und Methode 4 werden ebenfalls grundlegende Mechanismen angenommen, die eine frequenzabhängige Verminderung der Intensität der Obertöne gegenüber der Intensität des Grundtons bedingen und so das gemessene Intensitätsspektrum um diesen Effekt bereinigt werden muss, damit entsprechende Formantenspektren abgeleitet werden können. Bei Methode 3 wird die typische Form eines Intensitätsspektrums derart interpretiert, dass es bei den Obertönen zu einer frequenzabhängigen Dämpfung der Intensität des Grundtones kommt, wodurch die generelle „Dämpfungskurven-ähnliche Form" des Intensitätsspektrums bestimmt wird und die diesen Effekt überlagernden Formantenbänder die frequenzabhängigen Maxima und Minima des Intensitätsspektrums ausmachen. Diese Methode fand auch Anwendung in einer früheren Publikation von Rehm et.al (1). Die Festlegung der Dämpfungskonstante erfolgt in diesem Fall in einem iterativen Prozess, bis das erhaltene Ergebnis (errechnete Dämpfungskurve und abgeleitetes Formantenspektrum) „plausibel" erscheint. Es hat sich allerdings bei allen bisherigen dies bzgl. Analysen (auch bei verschiedenen Saxophonspielern) gezeigt, dass die jeweils zur Berechnung „angenommene Dämpfungskonstante" nur in einem sehr engen Bereich variiert, um plausible Ergebnisse zu erhalten. Dies weist darauf hin, dass der zugrundliegende Mechanismus zumindest eine gewisse Ähnlichkeit mit der Vorstellung hat, dass die Intensitäten der Obertöne als frequenzabhängige Dämpfung der Intensität des Grundtones interpretiert werden können. Somit erscheint es durchaus möglich, dass die relativen Werte der Maxima der Formantenbänder in einem Formantenspektrum, welches nach Methode 3 bestimmt wurde, als „relatives Maß für die Ausprägung" und somit als quantitativer Parameter des Formantenbandes herangezogen werden können. Durch die Normierung der nach Methode 3 bestimmten Formantenspektren auf die dB-Intensität des jeweiligen Grundtones, können auch verschiedene Formantenspektren (auch von verschiedenen Spielern) direkt miteinander verglichen werden.

Geht man nach Methode 4 vor, um ein Formantenspektrum zu bestimmen, und legt man die Annahme der „Wellenenergieerhaltung für Grund- und Obertöne" als einen wesentlichen Mechanismus für die Ausprägung eines Intensitätsspektrums eines Sounds zugrunde, so ergibt sich für die entsprechende Ableitung des Formantenspektrums zumindest eine theoretische Grundlage, die bei den Methoden 2 und 3 fehlt. Die Ähnlichkeit der normierten Formantenspektren, die nach Methode 3 und Methode 4 erzeugt werden, lässt sich auf die Ähnlichkeit der „intuitiv ermittelten Dämpfungskurve" und des „errechneten Wellenenergieerhaltungsspektrums" ableiten, die beide von dem Intensitätsspektrum in Abzug gebracht werden. Bei Methode 3 wird gegenüber dem Ansatz nach Methode 4 systematisch die Ausprägung der Formantenbänder bei niedrigen Frequenzen (0-1.000Hz) „tendenziell unterbestimmt", während die Ausprägung der Formantenbänder bei höheren Frequenzen (>2.000Hz) „tendenziell überbestimmt" wird. Methode 3 enthält gegenüber Methode 4 einen weiteren „Willkürlichkeitsgrad", da die „Dämpfungskonstante" für jedes Intensitätsspektrum, wenn auch in gewissen Grenzen, so doch leicht justiert wird. Diese „Variabilität" der Methode und damit auch des Ergebnisses ist bei Methode 4 ausgeschlossen, da es für die gemessene Intensität des Grundtones eines Sounds nur einen definierten Energiewert gibt, der bestimmend ist für das Wellenenergiespektrum des spezifischen Sounds und damit für die Intensität der Obertöne. Damit ergibt sich nach Methode 4 für jedes Intensitätsspektrum auch nur <u>ein</u> Wellenenergiespektrum, welches von dem Intensitätsspektrum in Abzug gebracht wird.

Unter Berücksichtigung obiger Analysen und Schlussfolgerungen erscheinen Formantenspektren, die nach Methode 1 oder Methode 2 ermittelt werden, nicht geeignet zu sein, um die „quantitative Ausprägung von Formantenbändern" mit hinreichender Präzision zu bestimmen. Im Gegensatz dazu gibt es einige Argumente dafür, dass die Formantenspektren, die mittels Methode 3 und 4 erzeugt werden, nicht nur die Formantenbänder und ihre Resonanzmaxima (=frequenzabhängiges Intensitätsmaximum eines Formantenbandes) anzeigen, sondern auch durch die jeweilige quantitative Ausprägung (=Intensität) der einzelnen Formantenbänder bzw. der Resonatoren geprägt werden.

Demzufolge sollte es möglich sein, die nach Methode 3 und 4 erzeugten Formantenspektren als Summe von Formantenbändern mit unterschiedlichen Resonanzmaxima und unterschiedlicher quantitativer Ausprägung bzw. Intensität zu interpretieren. Mit der Annahme, dass alle Formantenbänder generell eine gleiche Form haben (z.B. die Form einer Glockenkurve oder einer Gauß-Normalverteilung), müsste es möglich sein, die erzeugten Formantenspektren durch eine entsprechende Zahl an Formantenbändern hinreichend genau zu simulieren.

Um die Frage zu beantworten, wie sich die frequenzabhängige Form eines Schallwellen-Formantenbandes bzw. eines Schall-Resonators darstellen lässt, kann man sich der experimentellen Ermittlung der Resonanzkurve eines aus der Physik bekannten Pohlschen Resonators bedienen (2). Eine typische Resonanzkurve eines Pohlschen Resonators mit unterschiedlicher Dämpfung ist in Abb. 8 dargestellt und stammt aus der Arbeit von Wegener et al. (2). Überträgt man dies auf Schallwellen-Formantenbänder, so ist zu erwarten, dass diese eine Form haben, die stark einer Gauß-Normalverteilung ähneln, wobei jedoch die Flanke im Bereich höherer Frequenzen gegenüber der Normalverteilung eine gewisse Abflachung erfährt. Weiterhin sind die unterschiedlichen Intensitätsausprägungen der Resonanzkurven des Pohlschen Resonators bei unterschiedlichen Dämpfungen (Abb. 8) im Falle von Schallwellen-Formantenbändern als unterschiedliche quantitative Ausprägungen des Formantenbandes und damit als unterschiedliche Intensität der Resonanz zu deuten.

Mit diesem Wissen bzw. mit den oben dargestellten Annahmen ist versucht worden, Formantenspektren, die nach Methode 3 und 4 erzeugt wurden und von verschiedenen Saxophonspielern stammen, die unterschiedliche Töne gespielt haben, als Summe von verschiedenen Formantenbändern mit jeweils unterschiedlicher qualitativer (Lage des Resonanzmaximums) und quantitativer (Intensität der Resonanzkurve) Ausprägung zu interpretieren bzw. zu simulieren. Dabei wurde die Bandbreite der modellierten Resonanzkurven der Formantenbänder so angepasst, dass weitgehend isolierte Formantenbänder gut simuliert wurden. Diese so festgelegte Bandbreite wurde als konstant und gültig für alle Formantenbänder definiert.

Beispielhafte Ergebnisse dieser Simulationen mit Formantenspektren nach Methode 3 sind in Abb. 9a und 9b dargestellt, entsprechende Simulationen von Formantenspektren, die nach Methode 4 erzeugt wurden, sind in Abb. 10a und 10b dargestellt. Dabei wurden die Formantenspektren in Abb. 9a und Abb. 10a aus der gleichen Tonaufnahme abgeleitet (Tonarchiv der University of New South Wales), ebenso wurden die Formantenspektren in Abb. 9b und Abb. 10.b von der gleichen Tonaufnahme eines professionellen Saxophonspielers (aufgenommen vom Autor) abgeleitet.

Die Formantenspektren aus Abb. 9a und 10a können für den Frequenzbereich von 0-10.000Hz mit insgesamt 13 Formantenbändern recht präzise (Präzisionsgrad >97%) simuliert werden, bei den Formantenspektren aus Abb. 9b und 10b sind 12 Formantenbänder zu postulieren, um eine gute Simulation (Präzisionsgrad >95%) zu ermöglichen.

Im Vergleich der jeweiligen Formantenspektren von Abb. 9a und 9b bzw. von Abb. 10a und 10b wird nochmals deutlich, dass die Formantenspektren unterschiedlicher Saxophonspieler deutliche Unterschiede in ihrer Form aufweisen – diese Unterschiede werden deutlich und bleiben in ihrer Ausprägung vorhanden, wenn Formantenspektren nach Methode 3 wie auch nach Methode 4 erzeugt werden. Dies bestätigt die früheren Befunde von Rehm et.al (1).

Die sich aus der Simulation der Formantenspektren ergebenden „simulierten Formantenbänder" können für jedes Formantenspektrum in qualitativer Hinsicht (frequenzabhängige Lage des Resonanzmaximums) wie auch in quantitativer Hinsicht (relative Resonanzintensität des einzelnen Formantenbandes bzw. Resonators) beschrieben und miteinander verglichen werden. Eine entsprechende zusammenfassende Darstellung dieser Paramater der Formantenbänder aus den Abb. 9a, 10a und 9b, 10b findet sich in Tabelle 1.

Die Komprimierung und Mittelung der Daten aus Tabelle 1 bezogen auf die Veränderungen der Resonanzmaxima (Hz) und der rel. Intensitäten der Formantenbänder bei der Anwendung von Methode 4 zur Ermittlung von Formantenspektren vs. Methode 3 sind als prozentuale Werte in Bezug auf ihre Formanten (F1-F12) in Abb. 11 dargestellt. Es wird ersichtlich, dass die Lage der Resonanzmaxima der Formantenbänder in der Anwendung von Methode 3 oder 4 nahezu identisch ist – d.h. die qualitative Information zu den Formantenbändern wird durch beide Methoden nahezu identisch abgebildet. Hingegen werden durch die Methode 4 (gegenüber Methode 3) zur Erstellung von Formantenspektren die Intensitäten der Formantenbänder mit niedriger Frequenz des Resonanzmaximums (<2.400Hz) verstärkt, während die Intensitäten der Formantenbänder mit Resonanzmaxima mittlerer und höherer Frequenz (3.000-8.000Hz) tendenziell eher reduziert dargestellt werden.

Interpretation und Diskussion der Ergebnisse:

Die Intensitätsspektren von aufgenommenen Saxophonsounds, die mittels Fourieranalyse durch Praat ermittelt werden, zeigen typische Schwankungen in den dB-Maxima der Obertöne und weisen somit auf die Existenz von Formantenbändern hin (siehe Abb. 1). Nykänen et al. (6) hat durch einfache Anschauung eines frequenzabhängigen Intensitätsspektrums eines Tenorsaxophons 6 Formantenbänder im Bereich zwischen 0-15.000Hz identifiziert und versucht, deren Bandbreite auf einfache Weise abzuschätzen, hat diesen Ansatz aber nicht weiterverfolgt. Rehm et al. (1) hat Intensitätsspektren von Tenorsaxophon-Tönen derartig vermessen, dass ein vom Spieler definiertes Rauschenspektrum (SpR) als Bestandteil des Sounds identifiziert werden konnte. Neben diesem Rauschen wurden 2 weitere Komponenten postuliert, die das Intensitätsspektrum eines Tenorsaxophons bestimmen: a) Formantenbänder, die Bereiche verstärkter Resonanz in einem definierten Frequenzbereich generieren und als Resonatoren fungieren und b) ein Prozess, der sich als dämpfungsähnliche Reduktion der Intensität des Grundtones bei den Obertönen mit steigender Frequenz darstellt. Die Annahme einer solchen Dämpfungsfunktion wurde dabei nicht theoretisch abgeleitet, sondern eher intuitiv definiert und resultierte aus dem typischen Verlauf eines Intensitätsspektrum, bei dem die dB-Werte der Obertöne mit steigender Frequenz im Mittel kontinuierlich und einer Dämpfungskurve ähnelnd abnehmen. Bei diesen Analysen wurde offensichtlich, dass es im Frequenzbereich von 0-10.000Hz deutlich mehr Formantenbänder gibt als von Nykänen et al. (6) beschrieben. In Abb. 1 können alleine durch einfache Bewertung der schwankenden Intensitätsmaxima der Obertöne 9 Formantenbänder im Frequenzbereich von 0-10.000Hz eindeutig identifiziert werden

Chen et al. (7) konnte darstellen, dass Tenorsaxophonspieler in der Lage sind, die Intensitätsausprägung von Formantenbändern, die in ihrem „Vokaltrakt" (Mund und Rachenraum) den Ursprung haben, zu beeinflussen. Dies konnte eindrücklich durch Rehm et al. bestätigt und konkretisiert werden (1). Um die Bedeutung der Formantenbänder für den Sound bzw. deren willkürliche Veränderung durch den Saxophonspieler zur Generierung eines spezifischen Sounds weiter zu untersuchen, bedarf es einer soliden, verlässlichen und validen Methode zur Bestimmung von Formantenbändern. Dies gilt besonders bzgl. derer frequenzabhängigen Lage (Frequenz des Resonanzmaximums eines Formantenbandes = qualitativer Parameter) und der Resonanzintensität des Formantenbandes (relative Resonanzintensität = quantitativer Parameter).

Folgende Kriterien müssten erfüllt sein, damit sich eine Methode zur Bestimmung von Formantenspektren und die daraus ableitbare Darstellung der im Spektrum enthaltenen Formantenbänder mit ihren qualitativen und quantitativen Parametern als geeignet für diesen Zweck bewährt:

1) Die der Ermittlung von Formantenspektren zugrundeliegenden frequenzabhängigen Intensitätsspektren müssen im Frequenzbereich von 0-10.000Hz ein hohes Signal/Fehlerrauschen-Verhältnis aufweisen, das heißt, sie müssen eine hohe Präzision haben.

2) Es muss eine Vermessung der Intensitätsspektren erfolgen, die die jeweiligen Messwerte für die zu bestimmenden dB-Intensitäten (Intensitätsmaximum des Grund- bzw. Obertons,

Intensität des Spielerrauschens (SpR) bei den Frequenzen der Obertöne; Grundrauschen der Aufnahme) präzise und möglichst ohne oder mit nur geringem Messfehler erlaubt.

3) Es muss eine verlässliche Methode gefunden werden, die das Resonanzsignal, welches von den Formantenbändern stammt, von allen anderen Signalen trennt, die ebenfalls zum Intensitätsspektrum beitragen.

4) Ein nach den Maßgaben von 1)-3) ermitteltes Formantenspektrum muss durch eine valide Methode soweit in die einzelnen, das Spektrum bestimmenden Formantenbänder zerlegt werden, damit eine Bestimmung der qualitativen und quantitativen Parameter der einzelnen Formantenbänder mit hinreichender Präzision möglich ist.

Soweit dem Autor bekannt ist, wurde ein solcher Ansatz zur Darstellung von Formantenbändern bisher weder für das Tenorsaxophon, noch für andere Musikinstrumente oder bei der Analyse von Formanten der Sprache bzw. des Gesangs verfolgt.

Die Erfüllung der in Punkt 1) und Punkt 2) definierten Kriterien kann insofern durch den vom Autor verfolgten Ansatz bestätigt werden, als dass:

1) die Qualität der zugrundeliegenden Tonaufnahmen sehr hoch ist und die von Praat (für Details siehe: http://www.fon.hum.uva.nl/praat/) mit Hilfe der Fourieranalyse errechneten frequenzabhängigen Intensitätsspektren ein sehr geringes Fehlerrauschen aufweisen (1).

2) ein Verfahren unter Nutzung der Features von Praat entwickelt wurde, welches eine präzise Vermessung der für die weitere Analyse wichtigen Parameter der Spektren ermöglicht (siehe dazu Erläuterungen in „Ergebnisse" und Abb. 1b; 2a und 2b).

Um für oben definiertes Kriterium 3) eine Lösung zu finden, wurden 4 Methoden postuliert und auf frequenzabhängige Intensitätsspektren angewendet (Erläuterung der 4 methodischen Ansätze in „Ergebnisse"). Die nach den 4 Methoden ermittelten Formantenspektren des gleichen vermessenen frequenzabhängigen Intensitätsspektrums (Abb. 3) sind in den Abb.4- 7 dargestellt.

In den nach den 4 Methoden ermittelten Formantenspektren können in allen Fällen mindestens 7 Resonanzmaxima eindeutig identifiziert werden, die trotz unterschiedlicher Methoden bzgl. der frequenzabhängigen Lage der 7 Maxima eine hohe Übereinstimmung aufweisen. Es ist somit davon auszugehen, dass mindestens 7, voraussichtlich aber mehr als 7 Formantenbänder das Formantenspektrum im Frequenzbereich von 0-10.000Hz ausmachen, denn besonders in dem breiten als „F-Schulter" bezeichneten Resonanzmaximum scheinen sich offensichtlich mindestens 3 Formantenbänder zu verbergen.

Nach in Augenscheinnahme der Formantenspektren, die nach Methode 1 und 2 erzeugt wurden, und auf Basis der schon in „Ergebnisse" dargestellten willkürlichen Annahmen (bei diesen Methoden) bzgl. des Verhältnisses von Intensitätssignalen des Formantenbandes und den Signalen der anderen das Intensitätsspektrum ebenfalls bestimmenden Faktoren, erfüllen diese beiden Methoden nicht obiges Kriterium 3), weshalb sie zur Lösung der Fragestellung nach einer qualitativen und quantitativen Darstellung der Formantenbänder nicht geeignet sind.

Hingegen sind die nach Methode 3 und 4 ermittelten Formantenspektren vom Augenschein her durchaus geeignet, um qualitative und quantitative Bestimmungen der darin enthaltenen Formantenbänder durchzuführen. Diese beiden Methoden haben gegenüber den Methoden 1 und 2 auch noch einen evidenten Ansatz der kontinuierlichen Intensitätsabnahme von Obertönen gegenüber dem Grundton als einem wesentlichen Mechanismus, der neben dem Spielerrauschen und den Formantenbändern die Form des Intensitätsspektrums bestimmt. Bei Methode 4 gibt es für diesen Mechanismus eine theoretische Ableitung, bei der davon ausgegangen wird, dass im Frequenzbereich von 0-10.000Hz jeder Ton (Grundton und jeder Oberton) vom Spieler die gleiche „Energie" zugeführt bekommt und sich die unterschiedlichen messbaren Intensitäten des Grundtons und des Obertons entsprechend der Proportionalität von Energie und dem Quadrat des Produkts von Amplitude und Frequenz ergeben. Für diese Annahme gibt es keine Anhaltspunkte außer der augenscheinlichen Form der gemessenen Intensitätsspektren, insofern ist dies eine willkürliche Parameterfestlegung für Methode 4. Bei Methode 3 erfolgt in zweierlei Hinsicht ebenso eine willkürliche Festlegung von Faktoren zur Bestimmung des Formantenspektrums: 1) Definition einer Dämpfung des Grundtons, der die Intensität der Obertöne bestimmt und 2) Festlegung des Wertes der jeweiligen Dämpfungskonstante dieser Funktion.

Trotz dieser „willkürlichen" Festlegung von Faktoren, die Basis für die Ermittlung von Formantenspektren nach Methode 3 und 4 sind, liefern beide Methoden Formantenspektren, die für weitere Analysen bzw. zur qualitativen und quantitativen Bestimmung der enthaltenen Formantenbänder als geeignet erscheinen.

Die Übertragung der Form der Resonanzkurve eines mechanischen Resonators (Pohlscher Resonator) auf die postulierte Form von Formantenbändern als akustische Resonatoren ist möglich und sinnhaft, da die generellen Prinzipien der Resonanzgenerierung bzw. - ausprägung für mechanische und akustische Systeme als gleichermaßen gültig angenommen werden können. Insofern ist es folgerichtig, Formantenbänder mit dieser Form der Resonanzkurve als Modell zu definieren, mit denen die nach Methode 3 und 4 erhaltenen Formantenspektren analysiert bzw. simuliert werden können.

Die hohe Präzision, mit der Formantenspektren (zweier unterschiedlicher Spieler), die nach den Methoden 3 und 4 ermittelt wurden, als Summe einzelner Formantenbänder mit gleicher Bandbreite aber unterschiedlicher Resonanzintensität im Frequenzbereich von 0-10.000Hz simuliert werden können, lässt den Schluss zu, dass die Methoden 3 und 4 zur Bestimmung von Formantenbändern generell geeignet sind, da sie offensichtlich entsprechende qualitative wie auch quantitative Informationen zu den Formantenbändern enthalten. Das Faktum, dass in Bezug auf die Lage der Resonanzmaxima der simulierten Formantenbänder nur geringste Unterschiede zwischen Methode 3 und Methode 4 zu beobachten sind (Tabelle 1 und Abb. 11), ist als weiterer Beleg zu werten, dass die Methoden 3 und 4 generell gut geeignet sind, um informative Formantenspektren zu erzeugen.

Es überrascht hingegen nicht, dass es Unterschiede in der Resonanzintensität einzelner Formantenbänder gibt, wenn Methode 3 oder Methode 4 zur Bestimmung des Formantenspektrums genutzt wird (siehe Tabelle 1 und Abb. 11). Dies ergibt sich aus dem unterschiedlichen Ansatz beider Methoden, die die Intensität der Obertöne in Bezug auf die Intensität bzw. der Energie des Grundtons unterschiedlich interpretieren (siehe Erläuterungen dazu in „Ergebnisse").

Mit dieser Arbeit werden 2 Methoden dargestellt, die prinzipiell geeignet sind, Formantenspektren zu erzeugen (Methode 3 und 4), die wiederum als Basis dienen können, um qualitative und quantitative Veränderungen der zugrundeliegenden Formantenbänder daraus abzuleiten. Weiterhin ist ein entsprechender Prozess dargestellt worden, der den 4 oben definierten Kriterien entspricht bzw. diese erfüllt, um qualitative und quantitative Parameter der Formantenbänder und deren Veränderungen zu bestimmen. Es kann allerdings hier nicht entschieden werden, ob eine der beiden Methoden (Methode 3 oder Methode 4) gegenüber der jeweilig anderen präferiert werden soll. Auch wenn die Annahmen, die notwendig sind, um Methode 4 anzuwenden, einen „Willkürlichkeitsgrad" geringer ausfallen als bei Methode 3, so ist dies nicht Argument genug, um Methode 4 prinzipiell gegenüber Methode 3 zu präferieren. Es ist allerdings auf Basis der Vergleiche der Ergebnisse nach Anwendung von Methode 3 und Methode 4 offensichtlich, dass bei der Analyse von Formanten bzw. Formantenbändern nur solche Ergebnisse miteinander verglichen bzw. in Bezug gesetzt werden können, die auf der gleichen Methode zur Ermittlung von Formantenspektren beruhen (Durchgehende Anwendung entweder von Methode 3 oder von Methode 4!)

Mit der in dieser Arbeit beschriebenen Methode sollte es möglich sein, vergleichende Analysen zu qualitativen und quantitativen Veränderungen von Formantenbändern, die durch den Tenorsaxophonspieler induziert werden, zu untersuchen und zu beschreiben. Auch erlaubt diese Methode den Ansatz eines direkten Vergleichs der messbaren Parameter der Formantenspektren sowie der Formantenbänder von unterschiedlichen Saxophonspielern.

Inwieweit die in dieser Arbeit am Beispiel des Tenorsaxophons vorgestellten Methoden zur Bestimmung von Formantenspektren und zur Bestimmung weiterer Parameter der betreffenden Formantenbänder auf andere Musikinstrumente übertragen werden können, kann anhand dieser Untersuchungen nicht gesagt werden, es wäre aber wünschenswert, dies bzgl. weitere Untersuchungen vorzunehmen.

References:

1) A.Rehm; L.Rehm; „Schallwellenanalyse des Sounds professioneller TernosaxophonspielerInnen Teil1: Akustische Komponenten der Schallwelle die vom Spieler generiert und reguliert werden und den Sound bestimmen"; ISBN: 9783668712769; Deutsche Nationalbibliothek; http://dnb.d-nb.de

2) T.Wegener; A.Osterkorn; "Der Pohlsche Resonator"; Georg-Augst-Universität Göttingen; 7/2013; http://genug-davon.de/pdfs/aprakt/alex_tobi/v1.pdf

3) J.Trommer; "Formanten im Detail", Universität Leipzig, Institut für Linguistik; 2007; http://home.uni-leipzig.de/jtrommer/phonetik07/k5c.pdf

4) J.Myer, Acoustics and Performance of Music; DOI: 10.1007/978-0-387-09517-2_2; Springer Science + Business Media; LLC 2009

5) S.Günther; Zur Klangfarbe historischer und moderner Orchesterinstrumente. Eine Analyse anhand signalbezogener, akustischer Deskriptoren; Magisterarbeit an der Technischen Universität Berlin, Fakultät I; Institut für Sprache und Kommunikation; Fachgebiet Audiokommunikation, Abgabedatum: 6.8.2012

6) A. Nykänen; 2004:70/ ISSN: 1402-1757/ ISRN: LTU-LIC—04/70—SE

7) Li, W., Chen, J-M., Smith, J. and Wolfe, J. "Effect of vocal tract resonances on the sound spectrum of the saxophone" ACTA ACUSTICA UNITED WITH ACUSTICA, 101, 270-278 (2015) DOI 10.3813/AAA.918825

Katalog der Abbildungen:

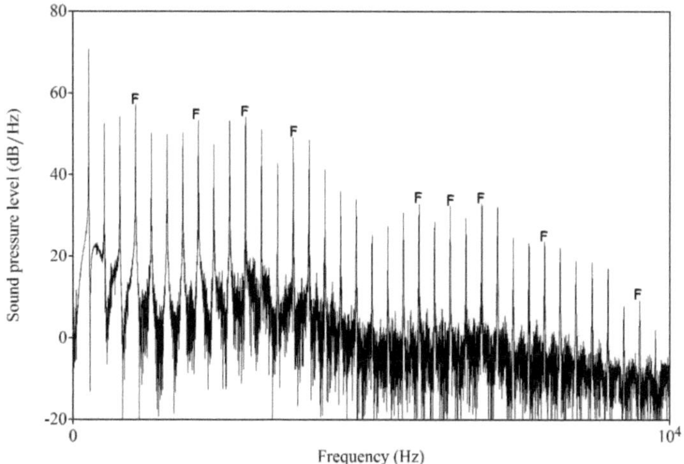

Abbildung 1a:

Intensitätsspektrum (dB) des Oktav-D (C4)–Tons gespielt auf dem Tenorsaxophon (errechnet mit „Praat"). Die mit „F" markierten Obertöne weisen auf Formantenbänder bei diesen Frequenzen hin.

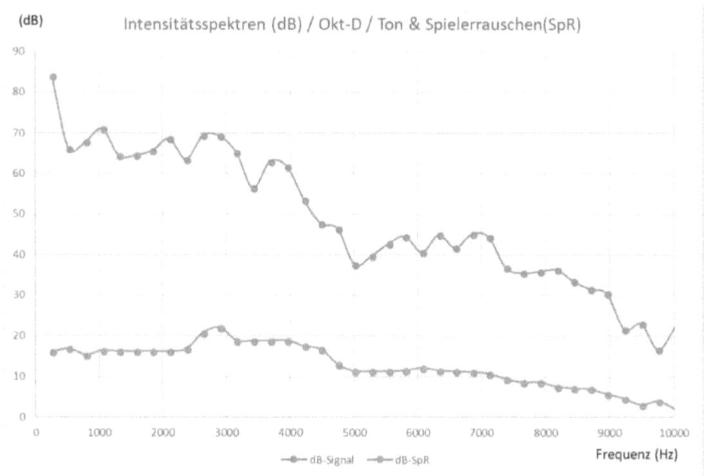

Abbildung 1b:

Vermessenes Intensitätsspektrum (dB) aus Abb. 1a unter Berücksichtigung des in Praat ermittelbaren Basisrauschens gemessen bei 16.000-22.000Hz mit den Angaben für die

13

maximalen dB-Werte des Grundtons und der Obertöne (dB-Signal) und des generierten Spielerrauschens (dB-SpR).

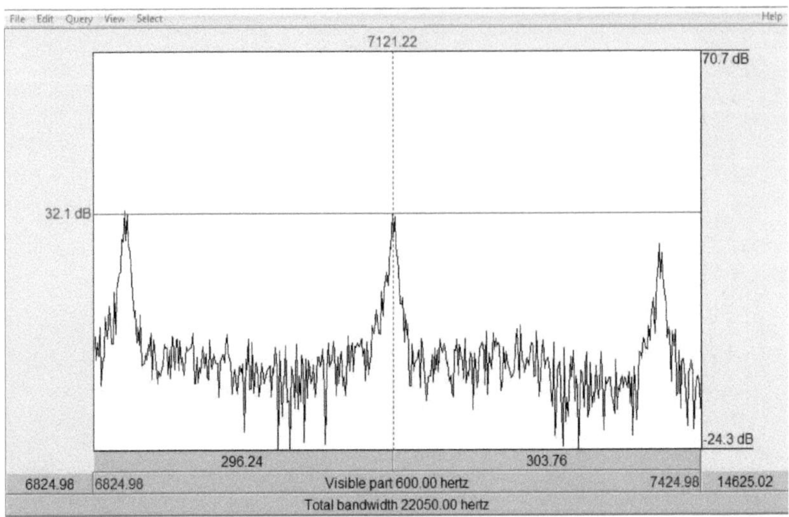

Abbildung 2a:

Auszug aus einem Intensitätsspektrum (Praat) mit positioniertem Cursor, um die Frequenz in Hz (hier 7121,22Hz) des Obertons und seine relative Intensität in dB (hier 32,1dB) zu bestimmen.

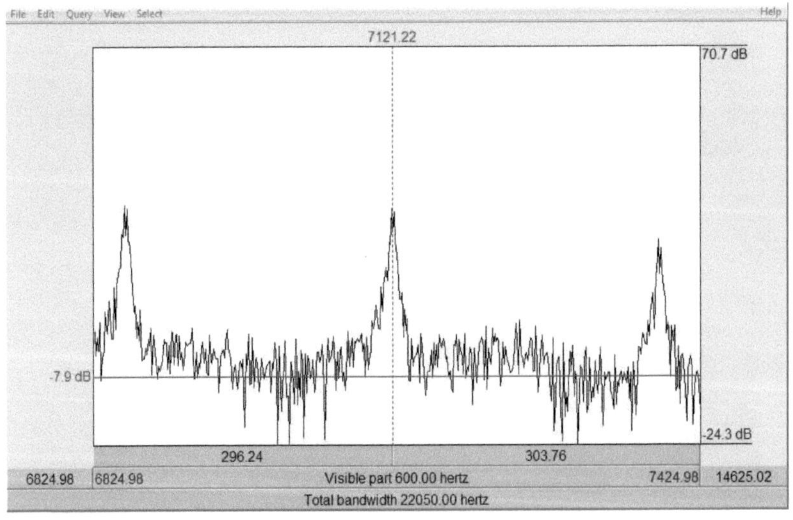

Abbildung 2b:

Gleicher Auszug aus dem Intensitätsspektrum wie in Abb. 2a, jedoch mit positioniertem Cursor, um die relative Intensität des Spielerrauschens (SpR) bei der Frequenz des Obertons (hier -7,9 dB)zu bestimmen.

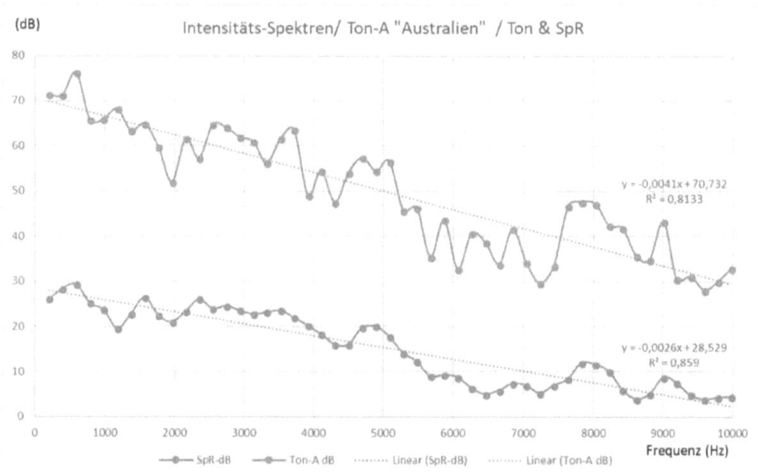

Abbildung 3:

Vermessenes Intensitätsspektrum des „Ton-A" der Datenbank der University of New South Wales mit Darstellung der Intensität (dB) des Grundtones und der Obertöne und des Spielerrauschens (SpR) sowie der linearen Regressionsgeraden und -gleichungen für diese zwei Parameter.

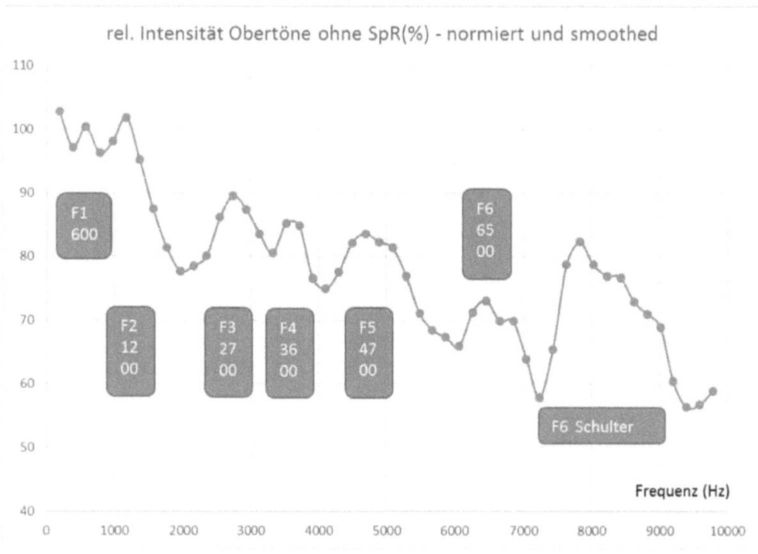

Abbildung 4:

Auf Grund- und 1.Oberton normiertes und geglättetes „Formantenspektrum-1" abgeleitet aus dem Intensitätsspektrum in Abb. 3 nach Methode 1 (siehe „Ergebnisse")

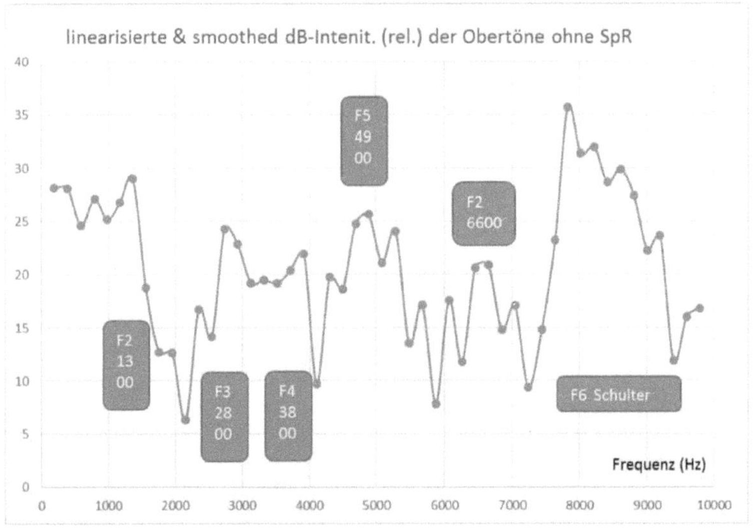

Abbildung 5:

„Linearisiertes" und geglättetes „Formantenspektrum-2" als Resultat der Differenzbestimmung der Intensitätswerte der Obertöne des Spektrums aus Abb. 3 zu den Werten einer nach unten verschobenen Regressionsgeraden (siehe Methode 2 in „Ergebnisse")

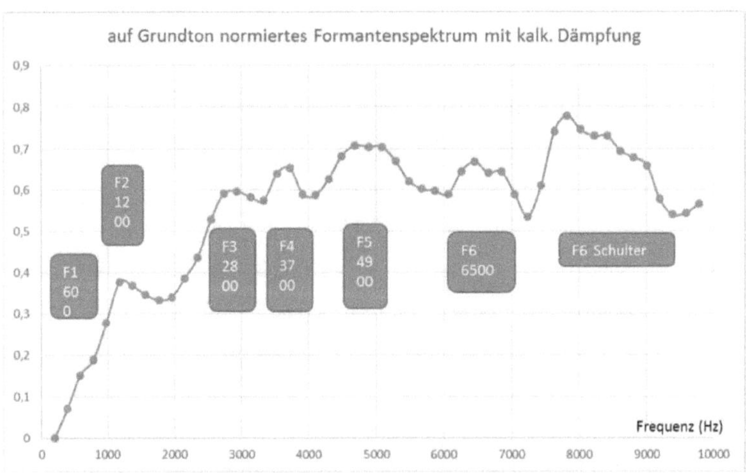

Abbildung 6:

Auf die Intensität des Grundtons normiertes und geglättetes „Formantenspektrum-3" ermittelt als Differenz des Intensitätsspektrums ohne SpR (aus Abb. 3) und einer definierten Dämpfungskurve (siehe Methode 3 in „Ergebnisse")

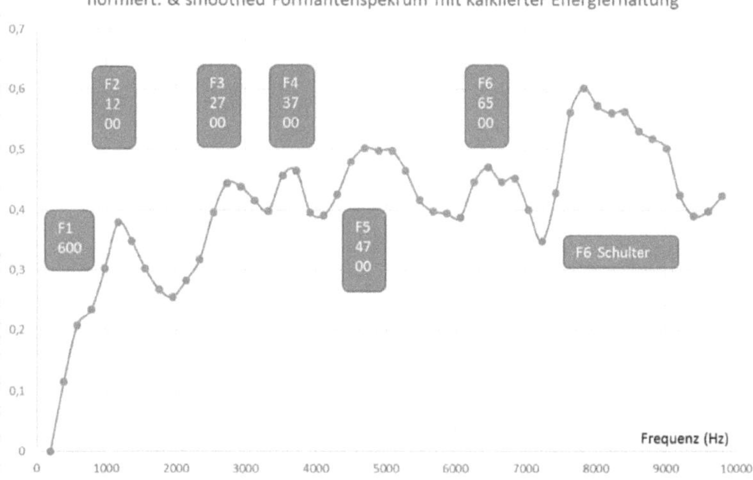

Abbildung 7:

Geglättetes und auf den dB-Wert des Grundtons normiertes „Formantenspektrum-4", welches als Differenz des Intensitätsspektrums (Abb. 3) und eines kalkulierten „Wellenenergieerhaltungs-spektrums" entsprechend Methode 4 (siehe Ergebnisse) erzeugt wurde.

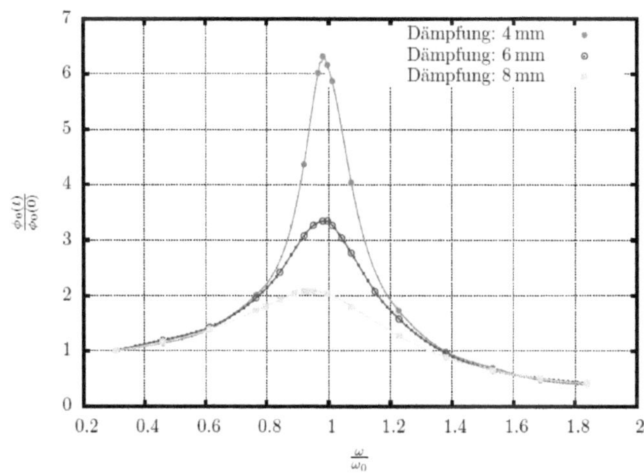

Abbildung 8:

Darstellung der experimentell ermittelten Resonanzkurve eines Pohlschen Resonators bei unterschiedlicher Dämpfung (bildhafter Auszug aus Literatur 2; Wegener et al.))

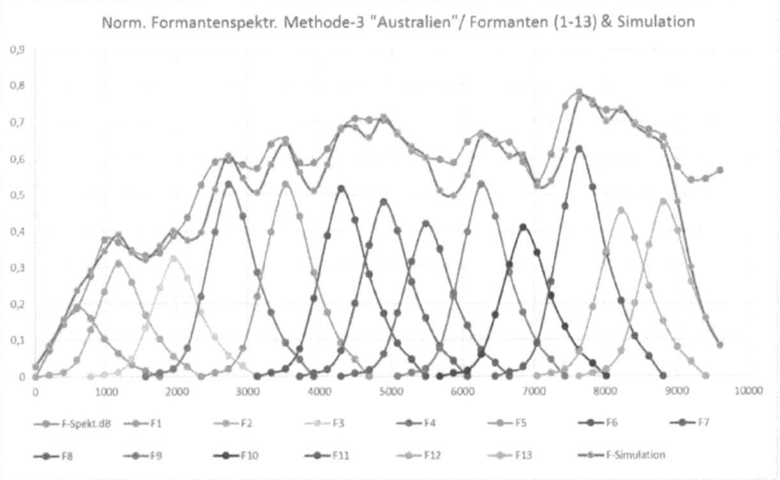

Abbildung 9a:

Normiertes Formantenspektrum aus Abb. 6 (Methode 3) sowie Darstellung der errechneten Formantenbänder, die in der Summe eine Simulation des Formantenspektrums liefern.

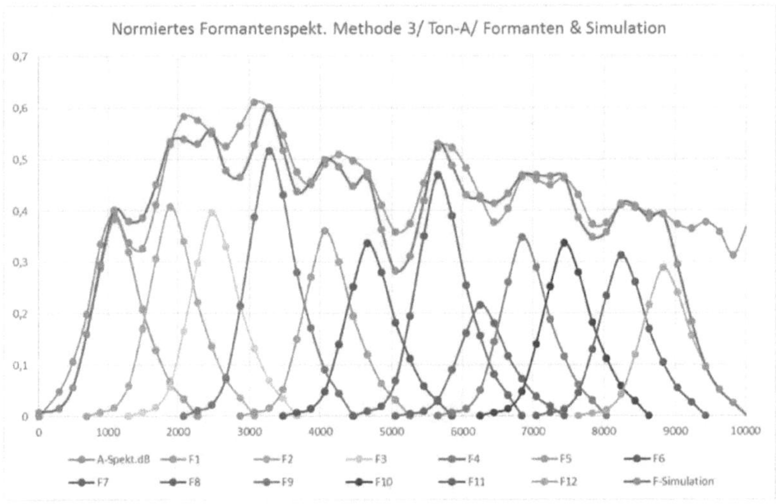

Abbildung 9b:

Normiertes Formantenspektrum eines professionellen Tenorsaxophonspielers ermittelt nach Methode 3 sowie Darstellung der errechneten Formantenbänder, die in der Summe eine Simulation des Formantenspektrums liefern.

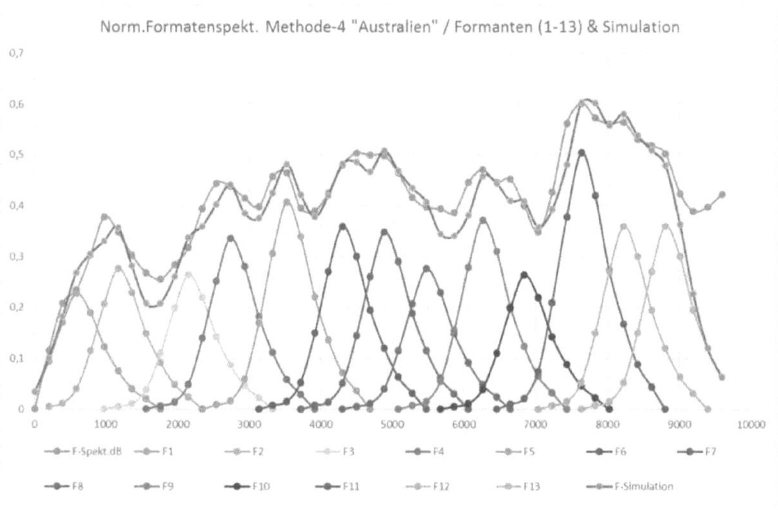

Abbildung 10a:

Normiertes Formantenspektrum aus Abb. 7 (Methode 4) sowie Darstellung der errechneten Formantenbänder, die in der Summe eine Simulation des Formantenspektrums liefern.

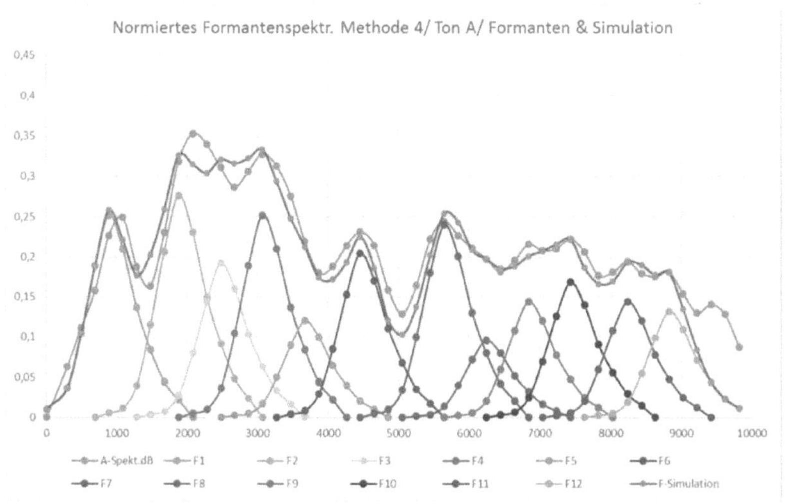

Abbildung 10b:

19

Normiertes Formantenspektrum eines professionellen Tenorsaxophonspielers (gleiche Aufnahme wie bei Abb. 9b) ermittelt nach Methode 4 sowie Darstellung der errechneten Formantenbänder, die in der Summe eine Simulation des Formantenspektrums liefern.

Abb.9a	Methode 3 der Formantenbestimmung				Abb.10a	Methode 4 der Formantenbestimmung		
Formanten	Maxima Hz	rel. Intensitä	rel. Inten. %		Formanten	Maxima Hz	rel. Intensitä	rel. Inten. %
F1	600	0,82248	3,3%		F1	600	0,976695	5,2%
F2	1200	1,35603	5,4%		F2	1200	1,199565	6,3%
F3	2000	1,408185	5,6%		F3	2100	1,14741	6,1%
F4	2700	2,29482	9,1%		F4	2750	1,46034	7,7%
F5	3500	2,29482	9,1%		F5	3500	1,77327	9,4%
F6	4300	2,242665	8,9%		F6	4300	1,56465	8,3%
F7	4900	2,0862	8,3%		F7	4900	1,512495	8,0%
F8	5500	1,825425	7,2%		F8	5500	1,199565	6,3%
F9	6250	2,29482	9,1%		F9	6250	1,616805	8,5%
F10	6850	1,77327	7,0%		F10	6850	1,14741	6,1%
F11	7650	2,71206	10,8%		F11	7650	2,19051	11,6%
F12	8200	1,98189	7,9%		F12	8200	1,56465	8,3%
F13	8800	2,0862	8,3%		F13	8800	1,56465	8,3%
	Total (rel)	25,178865	100%			Total (rel)	18,918015	100%
Abb.9b	Methode 3 der Formantenbestimmung				Abb.10b	Methode 4 der Formantenbestimmung		
Maxima	Maxima Hz	rel. Intensitä	rel. Inten. %		Maxima	Maxima Hz	rel. Intensitä	rel. Inten. %
F1	1100	1,66896	8,8%		F1	900	1,090005	11,3%
F2	1900	1,77327	9,3%		F2	1900	1,199565	12,4%
F3	2500	1,721115	9,1%		F3	2500	0,83448	8,7%
F4	3250	2,242665	11,8%		F4	3100	1,095255	11,4%
F5	4050	1,56465	8,2%		F5	3650	0,52155	5,4%
F6	4650	1,46034	7,7%		F6	4450	0,886635	9,2%
F7	5650	2,034045	10,7%		F7	5650	1,0431	10,8%
F8	6250	0,93879	4,9%		F8	6250	0,41724	4,3%
F9	6850	1,512495	8,0%		F9	6850	0,62586	6,5%
F10	7450	1,46034	7,7%		F10	7450	0,73017	7,6%
F11	8250	1,35603	7,1%		F11	8250	0,62586	6,5%
F12	8850	1,25172	6,6%		F12	8850	0,573705	5,9%
	Total (rel)	18,98442	100%			Total (rel)	9,643425	100%

Tabelle 1:

Zusammenfassende Darstellung der qualitativen Daten (Resonanzmaxima (Hz) der Formantenbänder) und der quantitativen Daten (relative Intensität der Resonanzen) der Formantenbänder (F1-F13), die sich aus den in Abb. 9a, 9b, 10a und 10b dargestellten Simulationen der Formantenspektren (ermittelt nach den Methoden 3 und 4) ergeben.

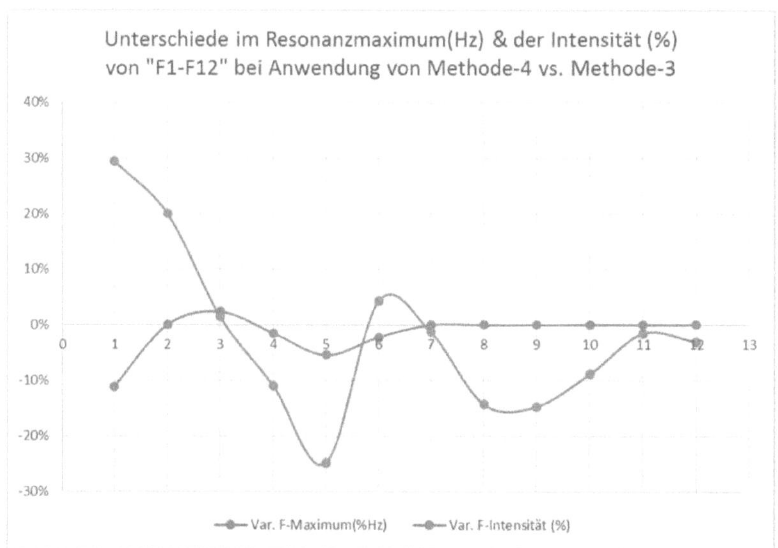

Abbildung 11:

Prozentuale Unterschiede der Lage des Resonanzmaximums (Var. F-Maximum(%Hz)) und der Resonanzintensität (Var. F-Intensität(%)) der simulierten Formanten F1-F12, wenn die jeweiligen Formantenspektren entweder nach Methode 3 oder nach Methode 4 ermittelt werden. Dargestellt sind zusammengefasste und gemittelte Werte aus Tabelle 1.